Die Festungen gegenüber den gezogenen Geschützen

M. von Prittwitz

Alpha Editions

This edition published in 2022

ISBN : 9789356789852

Design and Setting By
Alpha Editions
www.alphaedis.com
Email - info@alphaedis.com

Die Festungen gegenüber den gezogenen Geschützen.

von

Moritz von Prittwitz

Die neuern Verbesserungen im Geschützwesen sind zwar dienstlich noch nicht veröffentlicht worden, aber bereits zur Kenntniß so vieler preußischen und fremden Militairs gelangt, und so vielfach mündlich, schriftlich und in gedruckten Memoiren besprochen: daß es an der Zeit ist, gründlich und mit ruhiger Besonnenheit auch von Seiten der Ingenieure die Frage zu erörtern, welchen Einfluß diese Verbesserungen auf die Konstruction neuer Befestigungsanlagen ausüben werden, und welche Maßregeln in unsern bereits fertigen Festungen zu ergreifen sind, um den Wirkungen einer solchen verbesserten Angriffsartillerie so erfolgreich als möglich entgegenzutreten.

Es kann zuvörderst durchaus nicht davon die Rede sein, diese Verbesserungen an und für sich leugnen, heruntersetzen oder gering schätzen zu wollen. Dazu stehen die bereits erlangten Resultate zu fest und für die Folge ist jedenfalls eher ein weiterer Fortschritt in diesen Verbesserungen zu erwarten als ein Rückschritt.

Ebenso wenig kann es hier darauf ankommen, den Nachweis zu führen, in wie weit diese Verbesserungen auch der Festungs-Artillerie, ja dieser sogar vielleicht in höherm Grade als der Angriffs-Artillerie zu Gute kommen werden. Denn so wichtig auch die Beantwortung dieser Frage für den vorliegenden Zweck wäre: so hat sie doch eben keinen Einfluß auf die positiven Maßregeln, welche die Vertheidigung nunmehr wegen dieser Verbesserungen zu ergreifen hat, und welche den eigentlichen Gegenstand der folgenden Blätter bilden.

Es ist jedoch nothwendig, eine allgemeine Bemerkung in dieser Hinsicht vorauszuschicken, die zur richtigen Würdigung alles Nachstehenden von besondrer Wichtigkeit ist.

Es giebt nämlich kein fortifikatorisches Vertheidigungsmittel, welches es auch sei, das nicht endlich durch den Feind zerstört, unschädlich gemacht, überwältigt oder überstiegen werden könnte. Dessenungeachtet kann dasselbe immer noch ein sehr wirksames Vertheidigungsmittel sein und bleiben. Seit Anwendung der Druckkugeln und Minenschächte beim Angriff z. B. haben die Kontreminen entschieden von ihrer Wirksamkeit verloren. Dennoch wird kein Ingenieur Anstand nehmen, sie in geeigneten Fällen anzuwenden. Ein ähnliches Verhältniß tritt bei dem Mauerwerk ein, wie wir dies später ausführlicher sehen werden. Bei Verbesserungen in der Kriegskunst handelt es sich also in Bezug auf die Befestigungsanlagen immer nur darum: ob die Kosten einer neuen fortifikatorischen Anlage mit dem davon zu erzielenden Nutzen im richtigen Verhältniß stehen? – bei bereits bestehenden fortifikatorischen Anlagen: ob es der Mühe und Kosten lohnt, diese oder jene Summe auf ihre Verbesserung zu verwenden, oder ob es vorzuziehen sei, diese Anlagen in ihrem jetzigen Zustande zu belassen?

Die Beantwortung dieser Fragen ist nun äußerst schwierig, weil es gar keinen irgend brauchbaren Maaßstab giebt, um den Werth und die Widerstandsfähigkeit einer fortifikatorischen Anlage nur mit einiger Zuverlässigkeit zu messen. Es ist dabei Alles der individuellen Einsicht, man möchte sagen, dem Gefühl der Beurtheilenden überlassen und darum werden auch niemals bei fortifikatorischen Fragen dieser Art die Ansichten Mehrerer übereinstimmen. Man kann deswegen nichts Besseres thun, als die pro und contra in ausführlicher und unbeschränkter Discussion zu erörtern und dann nach bestem Ermessen zu urtheilen oder zu entscheiden.

In Bezug auf die vorliegende Frage werden wir die aus der Verbesserung des Geschützwesens sich ergebenden Veränderungen und Verbesserungen in der Befestigung am Klarsten erkennen, wenn wir die verschiedenen Schußarten einzeln betrachten. Ich fange mit derjenigen an, die bisher und in neuester Zeit vorzugsweise besprochen worden ist, nämlich mit dem Brescheschuß.

A. Brescheschuß.

1. Direkter Brescheschuß.

Wir müssen hier unterscheiden: die Breschelegung auf nahe und diejenige auf größere Entfernungen.

Wenn die gewöhnlichen Breschbatterien einmal zum Feuern gekommen sind, ist die Breschelegung immer als eine Operation von kurzer Dauer angesehen worden, so daß die größere Wirksamkeit der gezogenen Geschütze hierbei von geringem Einfluß auf die Dauer der Belagerungen sein wird.

In älterer Zeit hat man wohl mitunter den Escarpenmauern eine unverhältnißmäßige Dicke gegeben, um sie widerstandsfähiger gegen den Brescheschuß zu machen. In neuerer Zeit ist dies aber niemals – am Wenigsten bei unsern neuern preußischen Festungs-Bauten geschehen, indem man wohl erkannte, daß der dadurch zu erzielende Zeitgewinn, mit den erforderlichen Kosten durchaus in keinem Verhältniß stehe – (wie dies auch bereits in meinen Beiträgen zur angewandten Befestigungskunst S. 6. ausgesprochen ist). In dieser Beziehung ändert sich also durch die Anwendung der gezogenen Geschütze nichts Wesentliches.

Ebenso haben bekanntlich die Engländer bereits vor 50 Jahren im spanischen Kriege den direkten Brescheschuß bis auf 800 Schritt Entfernung mit Erfolg in Anwendung gebracht. Ich brauche die mannigfaltigen Verhandlungen über diese Art des Brescheschießens nicht zu wiederholen. Es wurde schon damals hervorgehoben, daß es mit dem Brescheschießen allein nicht abgemacht sei; daß man vielmehr bis zur Bresche approchiren müsse – und daß ein ohne gedeckte Annäherung ausgeführter Sturm stets ein sehr blutiger sein werde. Außerdem vertheidigten sich auch diejenigen Festungen, deren Mauern aus der Entfernung gesehen werden konnten, noch mit großer Energie und wenn auch im Allgemeinen die Nothwendigkeit anerkannt wurde, das Mauerwerk möglichst dem feindlichen Feuer zu entziehen, so kamen doch Fälle genug vor, (auch bei unsern neuern Festungs-Bauten) in welchen man trotz jener allbekannten Erfahrungen keinen Anstand nahm, Mauerwerk dem entfernten feindlichen directen Schuß auszusetzen:

entweder, weil man ein Breschelegen an der blosgegebenen Stelle überhaupt nicht fürchtete;

oder, weil man durch ein überlegenes Geschützfeuer die Erbauung und das Feuer der feindlichen Breschbatterie unmöglich zu machen hoffte;

oder endlich, weil es kein anderes Mittel gab, den Zweck zu erreichen, namentlich weil es an Platz fehlte, um besser gedeckte Festungswerke aufzuführen, an Stellen, wo es darauf ankam, gewisse Terraintheile unter Feuer zu nehmen.

Alle diese Verhältnisse bestehen auch jetzt noch, nur mit dem Unterschiede, daß das was sonst auf 800 Schritt ausführbar war, jetzt auch auf die doppelte und größere Entfernung möglich ist.

Auch die Erfahrungen bei Sebastopol haben hierin nichts geändert. Denn sie ergeben, daß das Mauerwerk der Küstenforts von dem Feuer der Schiffe durchaus nicht auf eine bemerkenswerthe Weise beschädigt wurde und wenn die von Weitem gesehenen Mauerwerke auf den Landfronten in einer 11monatlichen Belagerung endlich zusammengeschossen wurden, und der Malakoff bei dem letzten Sturm noch einen solchen Widerstand leistete, daß seine geringe Besatzung sich nur in Folge einer Kapitulation ergab, so kann man unmöglich daraus folgern, daß fortan die Anwendung des Mauerwerks in den Festungen ganz unzulässig sei. Es liegen uns in dieser Beziehung auch zwei sehr wichtige und competente Zeugnisse vor.

General Niel sagt nämlich in seiner Belagerung von Sebastopol, S. 443:

„Betroffen von der langen Dauer der Belagerung von Sebastopol haben einige fremde Offiziere die Ansicht ausgesprochen, daß die Mauerescarpen von keinem unbestrittenen Nutzen bei der Vertheidigung der Festungen seien."

„Sebastopol, ein großes verschanztes Lager, vertheidigt durch Erdbefestigungen von starkem Profil, zog seine vornehmste Stärke von einer Geschützarmirung, wie man sie nur in einem großen Kriegshafen finden kann, – und von einer zahlreichen Armee, die immer ihre freien Verbindungen mit dem Innern von Rußland behalten hat. Wäre die Enceinte mit guten gemauerten Escarpen versehen gewesen, hätte man darin Bresche legen und durch enge

Zugänge eindringen müssen, hinter denen die Spitzen unserer Angriffs-Colonnen eine Armee gefunden haben würden: so wäre Sebastopol eine nicht zu erobernde Festung gewesen."

„Man vergleiche die Angriffsarbeiten vor Sebastopol mit denen einer gewöhnlichen Belagerung und man wird finden, daß am 8. September, dem Tage des letzten Sturmes, nach den größten Anstrengungen nur erst die Cheminements fertig waren, welche der Krönung des Glacis vorhergehen. Man war also noch gar nicht in den Bereich der schwierigsten und mörderischsten Arbeiten einer Belagerung gelangt und es lag auch keine Veranlassung vor, sich darauf einzulassen, da die Gräben und Brustwehren der Enceinte nicht sturmfrei waren, wie es der Erfolg gezeigt hat. Die Schwierigkeit bestand vielmehr eben so sehr darin, die russische Armee auf einem seit lange zur Vertheidigung eingerichteten Terrain, als das materielle Hinderniß der Befestigung zu überwältigen. Unsere letzten Parallelen waren 30 Meter[1] von den angegriffenen Werken entfernt und man konnte daher sich unerwartet auf den Feind werfen, den das Feuer unserer Artillerie bis zum letzten Augenblick genöthigt hatte, Schutz unter zahlreichen Blendungen zu suchen. Wäre man mit den Angriffsarbeiten weiter vorgegangen, würde man die russische Armee nur veranlaßt haben, die Initiative des Angriffs zu ergreifen."

[1] 95½ preuß. Fuß.

„Das Fehlen der Escarpenmauern, welche den Platz vor einer Leiterersteigung geschützt hätten, übte nicht weniger Einfluß auf die Vertheidigung aus, denn die Belagerten waren genöthigt, fortwährend in den Kehlen ihrer Werke starke Reserven bereit zu halten, um einen Angriff zurückzuschlagen, mit dem sie vom Beginn der Belagerung an bedroht waren." –

Ganz übereinstimmend hiermit spricht sich der so kriegserfahrene oberste englische Ingenieur-General Sir John Fox Burgoyne in seinen „Military opinions" (S. 190 bis 196) (Über Erdwerke und die Vertheidigung von Sebastopol) aus. Er sagt:

„Es sind kürzlich einige irrige Ansichten darüber in England in Umlauf gekommen, (denn im Auslande denkt man nicht daran [?]) daß die lange Vertheidigung von Sebastopol hauptsächlich den Vorzügen der Erdwerke vor gemauerten Werken, und der Geschicklichkeit zuzuschreiben ist, mit welcher die russischen Ingenieure sich diese vermeintliche Entdeckung zu Nutze zu machen wußten."

„Schon vor einigen Jahren wurde dieser Gegenstand lebhaft verhandelt und verfochten, und jetzt, wo bei der glänzenden Vertheidigung von Sebastopol dergleichen Erdwerke in Anwendung gekommen sind, soll daraus ein siegreicher Beweis für ein System gezogen werden, was damit durchaus in keiner Verbindung steht."

„Die Russen waren genöthigt, ihre Vertheidigungswerke bei einer unerwarteten Veranlassung rasch auszuführen und sie benutzten dazu das seit unvordenklichen Zeiten in solchen Fällen angewandte Mittel, nämlich Erdwerke – nicht aus freier Wahl, sondern weil ihnen nichts anderes übrig blieb und sie verdienen in dieser Beziehung das größte Lob, – nicht aber wegen der vorurtheilsfreien Anwendung von Erdwerken, sondern wegen ihrer energischen Vertheidigung, trotz der Schwäche und Unvollkommenheit solcher Werke."

„Die Hauptargumente gegen das Mauerwerk sind, außer seiner großen Kostbarkeit, daß es aus der Entfernung in Bresche gelegt werden kann und daß die abspringenden Steinstücke den Vertheidigern gefährlicher sind, als Voll- und Hohlkugeln. Aber man muß sich klar machen, daß diese Übelstände nicht nothwendig mit gemauerten Werken verbunden sind, daß vielmehr, wo diese Übelstände vorkommen, dies daher rührt, daß die betreffenden Festungsanlagen von sehr altem Datum sind, oder die Localität so beschränkt ist, daß es für zweckmäßigere Anlagen, namentlich für Senkung des Mauerwerks unter den Horizont, so daß bloß die Brustwehr zu sehen ist, an Platz mangelt. Denn will man das System der Anwendung von Erdwerken durchaus als eine neuere Verbesserung ansehen, so muß man es mit dem in neuerer Zeit von den Ingenieuren immer als Regel aufgestellten System vergleichen, daß die Brustwehren aus Erde bestehen und daß die Escarpen von außen nicht gesehen seien, bis man an den Graben gelangt. Hierdurch werden die oben gedachten zwei Übelstände gehoben."

„Eine der wesentlichsten Vertheidigungsmittel ist immer eine senkrechte Wand oder Mauer, welche die Angreifer passiren müssen. Ist diese Mauer über 30 Fuß hoch und flankirt, dann ist sie ein formidables Hinderniß und eine Ersteigung desselben (und etwas anderes bleibt nicht übrig, so lange die Mauer nicht zerstört ist) ein höchst gewagtes Unternehmen, was nur bei vollständiger

Überraschung oder großer Schwäche des Vertheidigers gelingen kann."

„Daraus folgt die Nothwendigkeit, eine Bresche zu bilden; aber in solche gute gedeckte Werke kann die Bresche (direkt) nur gelegt werden, mittelst Batterien auf der Contrescarpe und die große Zunahme der Schwierigkeiten ist bekannt, welche der Angreifer findet, je mehr sich seine Approchen und Batterien dem Platze nähern. Und wenn denn auch wirklich eine oder mehrere Breschen zu Stande gekommen sind, haben dieselben für den Sturm doch nur immer eine begrenzte Ausdehnung, während Erdwerke auf dem ganzen Umkreis des Platzes eine solche Bresche darstellen."

„Wenden wir das Vorstehende auf Sebastopol an. Die Franzosen hatten endlich nach ungeheueren Anstrengungen und Opfern, ein Logement 30 Yards[2] von dem Graben der feindlichen Werke sich verschafft. Es steht fest, daß die Schwierigkeiten weiter vorzugehen so groß für sie wurden, daß sie nicht näher an den Platz heranrücken konnten, und doch, wäre der Platz auf die gewöhnliche Weise mit permanenten Werken befestigt gewesen, hätten sie nothwendig Breschbatterien auf der Contrescarpe anlegen müssen, um Breschen von einiger Ausdehnung zu erlangen, welche für die starken Angriffskolonnen, durch welche allein der Platz genommen werden konnte, doch nicht genügenden Raum gewährt haben würden. Ebenso wäre es bei den innern Retranchements gewesen."

[2] 87⅓ preuß. Fuß.

„Obgleich bei Befestigungsanlagen das Mauerwerk in der Regel vor dem feindlichen Geschützfeuer aus der Entfernung gedeckt werden soll, so giebt es doch Fälle, wo man davon absehen muß und auch absehen kann. Namentlich ist dies der Fall bei Küstenbatterien. Denn manchmal liegt eine kleine Insel, ein Felsen, oder schmaler Terrainabschnitt sehr günstig, um die feindlichen Schiffe abzuhalten, ist aber nur gerade groß genug für einen größern oder kleinern Thurm. Um aber die nöthige Geschützzahl aufzustellen, müssen mehrere Stockwerke und darum ein hohes Gebäude angelegt werden. Solche Gebäude haben nun trotz der ihnen anklebenden Mängel, die man auch nach Möglichkeit beseitigen muß, oft eine sehr kräftige Wirkung, und es ist durchaus ein Irrthum, daß sie durch Feuer von Schiffen so leicht zerstört und zum Schweigen gebracht werden können."

„Aber auch außer den Fällen, wo Mauern dem Feuer der Schiffs-Artillerie ausgesetzt werden, sind sie auch sonst noch zulässig, ja oft unvermeidlich."

„So kommt es manchmal vor, daß ein befestigter Punkt nur Sicherheit gegen einen Handstreich gewähren soll, wie z. B. in allen Fällen, wo die Umstände nicht gestatten, Geschütz dagegen in Anwendung zu bringen. Ebenso wenn der Zweck des Werkes erfüllt ist, sobald der Feind genöthigt wird, vielleicht mit großer Schwierigkeit Geschütze dagegen aufzustellen, oder auch zum Schluß der Kehlen der Außenwerke, wo es darauf ankommt, daß das Mauerwerk von unserer eigenen Artillerie wieder eingeschossen werden kann. In allen diesen Fällen ist Mauerwerk den Erdwällen vorzuziehen." –

Nach solchen Zeugnissen wird man die Anwendung von gemauerten Escarpen in den Festungen auch jetzt noch gerechtfertigt und nicht unnütz finden und den neuen preußischen Festungsanlagen nur an wenig Stellen den Vorwurf machen können, Mauerwerk blosgegeben zu haben, wo es besser durch Erdwälle gedeckt worden wäre. Letzteres findet namentlich bei mehrern ältern Thurmforts statt, bei denen es allerdings wünschenswerth sein wird, nachträglich noch entweder auf Verwandlung der gemauerten Brustwehren in Erdbrustwehren, oder auf Deckung der von Außen gesehenen kasernirten Etage Bedacht zu nehmen.

Ich bemerke in letzterer Beziehung, daß es da, wo Raum genug vorhanden ist und die Höhenverhältnisse es gestatten, wohlfeiler und zweckmäßiger sein wird, die obere kasemattirte Etage beizubehalten und lieber den vorliegenden deckenden Wall cavalierartig zu erhöhen.

Bei einem Umbau oder Neubau solcher Kasematten, würde demnächst auch zu untersuchen sein, ob nicht die Konstruktion der kasemattirten Batterie auf Tafel 80 B. meiner Beiträge etc. oder eine ähnliche Konstruktion in Anwendung kommen könnte, namentlich wenn die Bedeckung der Erdscharten mittelst Eisenbahnschienen, sich bewähren sollte, und dadurch die Möglichkeit gegeben wäre, das ganze Mauerwerk, auch über den Scharten, mit Erde zu decken.[3] Eine Eindeckung der Scharten mit Balken erscheint dagegen nach den auf S. 46 meiner Beiträge beschriebenen Versuchen mit hölzernen bedeckten Geschützständen, nicht rathsam.

[3] Nach einer mir gewordnen Mittheilung von zwei fremdherrlichen Offizieren haben dieselben neuerdings in England Versuchen mit gezogenen Geschützen von schwerem Kaliber gegen Bekleidungen von Eisen beigewohnt, welche sehr günstige Resultate ergaben. So weit sie beobachten konnten, bestand diese vor einer Mauer angebrachte Bekleidung aus horizontal über einander gelegten, mit einer Nuthe und Feder versehenen, Eisenschienen (wahrscheinlich Puddlingsstahl) von 12' Länge, 8" Breite, 4" Dicke. Die Schartenwangen waren ebenfalls mit Eisen bekleidet. Das Mauerwerk zeigte sich als ganz entbehrlich. Der Unternehmer (aus Wales) war seiner Sache so sicher, daß er sich hinter diese Eisenwand während der Versuche stellen zu wollen erklärte. Er behauptete, eine solche Eisenwand koste nicht mehr, als eine Mauer und war bereit für die Befestigung von Antwerpen dergleichen Eisenbekleidungen zu liefern. Genauere Kenntniß zu nehmen, gestattete er nicht. Es scheint, daß durch die Nuthen und Federn der Stoß des Geschosses sich auf die ganze Fläche des Eisens vertheilt.

Sollte sich eine derartige Benutzung des Eisens bewähren, so steht eine ausgedehntere Anwendung desselben zu erwarten und würde darin ein ganz wesentliches Vertheidigungsmittel gegen den Brescheschuß gegeben sein.

Ich gehe nunmehr über zu dem

2. indirekten Brescheschuß.

Schon im Jahre 1824 hatten die Woolwicher Versuche gezeigt, daß es möglich sei, Festungsmauern, auch wenn man sie nicht sehen kann, aus größerer Entfernung durch flache Bogenschüsse zu zerstören. (Siehe meine Beiträge zur angewandten Befestigungskunst S. 88. ff.) Dies Verfahren erregte schon damals großes Aufsehen und gab zu vielfachen Discussionen Veranlassung, als deren Endergebniß sich Folgendes herausstellte:

a) daß dies indirekte Brescheverfahren allerdings unter Umständen sehr wohl anwendbar erscheine;

b) daß es namentlich auch gegen alle kasemattirte Flankirungen und flankirende Linien, wenn der Feind sich in die

Verlängerung der auf die letztern treffenden Gräben aufstellen kann, mit gutem Erfolge werde gebraucht werden können;

c) daß dieses neue Verfahren zwar die meist sehr schwierige Erbauung der Contre- und Breschbatterien und das Brescheschießen aus der Nähe, sonst aber die übrigen langwierigen Belagerungsoperationen und Annäherungsarbeiten nicht erspart;

d) daß das Brescheschießen aus der Entfernung, außerdem, daß die Beurtheilung der Gangbarkeit der Bresche sehr schwierig sei, dem Vertheidiger den Punkt bezeichne, wo man eindringen will und ihm gestatte, geeignete Gegenmaßregeln zu treffen, Abschnitte anzulegen, die Bresche zu unterminiren, und dergleichen, so daß dies neue Brescheverfahren nur denjenigen schlechtern Festungen besonders gefährlich werden wird, bei welchen ein sogenannter beschleunigter Angriff stattfinden kann.

Durch die neuern Verbesserungen in diesem Verfahren, in Folge Anwendung von gezogenen Geschützen, hat sich nun in diesen Verhältnissen nichts Wesentliches geändert und es steht daher keineswegs zu besorgen, daß dasselbe die Festungen so ohne Weiteres zum Falle bringen werde, wie dies, namentlich von artilleristischer Seite, mehrfach vorausgesetzt wird: denn es verkürzt, wie gesagt, nur eine der verschiedenen Angriffsoperationen und zwar in einem Verhältniß, das in der Wirklichkeit gewiß ein ganz anderes und um viele Procente geringeres, als das auf unsern Exercierplätzen erzielte sein wird, wo weder das Feuer der Festung, noch die Unkenntniß der Entfernungen und Wirkungen störend influirt.

Ich will nicht einmal ein Gewicht darauf legen, daß, wie Einige behaupten, die vergrößerte Wirkung der Geschütze auch eine viel entferntere Anlage der ersten Parallele nothwendig machen und dadurch (wie bei Sebastopol) den feindlichen Angriff sehr verzögern werde, weil ich glaube, daß die Entfernung der ersten Parallele größtentheils von andern Umständen abhängig ist.

Es kommt nun darauf an, zu untersuchen, ob die Vertheidigung nicht auch Mittel hat, sowohl bei neuanzulegenden Festungen, als bei bereits vorhandenen, die Wirkung des in Rede stehenden Verfahrens zu vernichten oder wenigstens zu ermäßigen. Um dies besser zu übersehen, müssen wir die drei Fälle unterscheiden, welche hauptsächlich vorkommen können, nämlich das indirekte Brescheschießen

a) gegen Escarpenmauern quer über den Graben,

b) gegen Flankenkasematten und flankirende Linien, die der Länge der Festungsgräben nach getroffen werden können,

c) gegen Reduits hinter deckenden Wällen oder Glaciscreten.

ad a.

Gegen Escarpen quer über die Festungsgräben.

Wir haben schon oben gesehen, warum man die gemauerten Escarpen – Wassergräben ausgenommen – nicht entbehren kann.

Um sie vor dem indirekten Brescheschuß zu sichern, wird es vor Allem rathsam sein, sie überall mit Contrescarpen zu versehen und demnächst die Gräben möglichst eng und tief, auch den bedeckten Weg nicht zu breit zu machen, damit die einfallenden Geschosse die Mauer unter möglichst steilem Winkel treffen, der, wenn er mehr als 7° beträgt, wegen des dann erforderlichen Munitionsaufwandes die Anwendung des indirekten Brescheschusses nach dem jetzigen Stande der Sache, schon bedenklich macht.

Daß die freistehenden Mauern bei wesentlich geringern Kosten, wenigstens ebenso gut widerstehen, als Futtermauern und Dechargenkasematten, durfte nach den Jülicher Versuchen als feststehend anzusehen sein.

Sehr zu beachten wird es bei Neuanlagen ferner sein, daß auch die Dächer der freistehenden Mauern nicht von Außen gesehen werden können, damit der Feind an denselben nicht die Wirkung seines Brescheschießens erkennen könne. Auch bei vielen bereits vorhandenen Anlagen wird sich diese Verbesserung noch nachträglich anbringen lassen.

Es ist davon die Rede gewesen, die Wirkung der Geschosse bei ihrer jetzigen Einrichtung dadurch zu paralisiren, daß man sie durch Wände von Balken, Brettern oder Flechtwerk, die man vor den Escarpenmauern oder auch auf der Contrescarpe anbrächte, ehe sie an die Mauer gelangen: allein es würde dann der Artillerie gewiß sehr bald gelingen, die Explosion so zu verzögern, daß sie erst stattfände, nachdem die Mauer getroffen ist.

ad b.

Gegen kasemattirte Flanken und flankirende Linien, der Länge der Festungsgräben nach.

Für Neuanlagen wird in Folge dessen der seit lange anerkannte, in meinen Beiträgen (Seite 123) bereits ausführlich behandelte, aber leider auch bei unsern Neuanlagen sehr wenig beachtete Grundsatz sich geltend machen, daß man dem Feinde immer so viel als möglich gerade Fronten und keine Saillants, am wenigsten spitze Saillants entgegensetzen müsse, vielmehr das Polygonaltracee immer den Vorzug verdiene, bei dem die Verlängerungen der Gräben so nahe wie möglich der Festung liegen, so daß der Feind immer nur erst bei größerer Annäherung in diesen Verlängerungen seine indirekten Contrebatterien aufstellen kann.

Demnächst werden die Grabencaponieren, wie es auch schon häufig geschehen ist, in vielen Fällen zweckmäßig an den Saillants angebracht werden können.

Ein drittes sehr wirksames auch bei fertigen Festungen fast immer noch anzuwendendes Hülfsmittel sind Reverskasematten und Gallerien in den ausspringenden Winkeln der Contrescarpe. Sie haben zwar den Nachtheil, daß auch sie durch die feindlichen Angriffsminen zerstört werden können, ehe sie in Wirksamkeit treten. Allein dies ist immer eine zeitraubende Operation, die erst in Anwendung kommen kann, wenn der Feind mit seinen Approchen bis an die Glaciscrete gelangt ist.

Die Anwendung von Erdmasken, halben Koffers, Diamants und dergleichen vor den flankirenden Batterien wird ebenfalls unter Umständen in Anwendung kommen können, obgleich sie großen Einschränkungen aus andern Ursachen unterliegt.

Aber selbst wenn uns diese einfachen und wirksamen, auch für bereits fertige Werke anwendbare Mittel nicht zu Gebote ständen, fragte es sich immer noch, ob man wegen der Möglichkeit solcher indirekten Contrebatterien unter allen Umständen die gewöhnlichen Grabencaponieren aufgeben müsse? Ich glaube es nicht. Eine gute Grabenvertheidigung ist das wichtigste Sicherungsmittel gegen einen gewaltsamen Angriff und erreicht man diesen Zweck am Einfachsten durch Grabencaponieren, dann muß man sich es schon gefallen lassen, daß im Laufe einer förmlichen Belagerung, ein oder zwei Flanken durch indirekten Schuß unbrauchbar gemacht werden, was sonst allerdings nur durch direkte in ihrer Ausführung und Anwendung viel schwierigere Contrebatterien zu geschehen pflegt. Der Feind muß dann immer noch erst den Sturm wagen.

Übrigens wird die Wirkung der indirekten Contrebatterien in der Wirklichkeit, noch schwerer zu beurtheilen sein, als die der Breschbatterien, weil ihr Zweck nicht der ist, die ganze Escarpenmauer zum Einsturz zu bringen, sondern blos die Scharten zu zerstören; der Zustand der Scharten aber von Außen fast gar nicht zu beurtheilen sein wird.

Schließlich bemerke ich, daß die von einer Seite vorgeschlagene Erhöhung der Wälle und der bedeckten Wege an den Stellen, über welche die Geschosse der indirekten Contrebatterien hinwegstreichen, einerseits wegen der dadurch bedingten partiellen Erhöhungen der Feuerlinie nicht ausführbar sein, andernseits den Einfallswinkel meistens nur unbedeutend vergrößern würde, so daß von diesem Mittel jedenfalls abstrahirt werden muß.

ad c.

Gegen Reduits.

Der Zweck der Reduits ist immer der, dem Feinde, nachdem er die vordere Linie genommen hat, noch einen Widerstand in zweiter Linie entgegenzusetzen. – Die Anlage von Reduits gilt daher als eine wesentliche Verstärkung, namentlich gegen den gewaltsamen Angriff, indem es bei einem solchen kaum denkbar ist, daß nachdem der Feind die vordere Vertheidigungslinie überwältigt hat, er noch so viel Kraft besitzen sollte, auch noch in demselben Anlauf das zweite Hinderniß zu besiegen. Da nun bei allen Befestigungsanlagen es die erste Bedingung ist, den Feind zu einem förmlichen Angriff zu nöthigen: so werden auch jetzt noch die Reduits diesen Zweck zu erfüllen vollkommen im Stande sein, indem es nicht wohl denkbar ist, daß der Feind ohne förmliche Belagerungsarbeiten, Batteriebau und dergleichen, ein oder mehrere Reduits sollte außer Thätigkeit setzen können.

Gegen den förmlichen Angriff leisten die Reduits weniger, weil, wenn der Angreifer erst die vordere Linie genommen hat, der Widerstand des zweiten Hindernisses meist nicht mehr lange zu dauern pflegt.

Nachdem hiermit das Wesen der Reduits im Allgemeinen angedeutet ist, und zwar gilt das eben Gesagte auch mehr oder weniger für die Reduits in den Waffenplätzen, muß ich hier wieder auf den oben ausgeführten Satz zurückkommen, daß darum ein Vertheidigungsmittel noch nicht zu verwerfen ist, weil es der Feind überwältigen kann. Es kommt vielmehr immer darauf an, daß der Widerstand, den es zu leisten vermag, mit seinen Kosten noch im angemessenen Verhältniß stehe. Und dies wird auch jetzt noch bei den meisten Reduits der Fall sein, trotz der unverkennbaren großen Wirksamkeit des indirekten Brescheschusses gegen dieselben: denn sie werden nach wie vor allen Anlagen eine große Sicherheit gegen den gewaltsamen Angriff gewähren und wenn sie diesen Zweck erfüllt haben, dann mag immer eins und das andere von ihnen dem indirekten Brescheschuß gleich beim Beginn der Belagerung unterliegen, wobei immer noch diejenigen Schwierigkeiten für den Feind, um solche Breschen benutzen zu können, bestehen, die wir schon eben bei den Escarpen im Allgemeinen kennen gelernt haben. –

Daß man die Reduits ganz aufgeben und gar keine mehr anlegen müsse, ist daher eine Folgerung, die meines Erachtens aus den Ergebnissen unserer verbesserten Artillerie nicht gezogen werden kann.

Allerdings werden wir bei der Neuanlage von Reduits sie der Wirksamkeit des indirekten Schusses möglichst entziehen müssen. Dies wird geschehen, wenn wir

a) diesen Reduits niemals eine solche Lage geben, daß die indirekten Batterien gegen sie in der Verlängerung von Gräben oder Linien des bedeckten Weges aufgestellt werden können. Hierzu wird wesentlich beitragen die schon oben als nothwendig hervorgehobene, möglichst frontale Anlage unserer Befestigungs-Linien. Bei vorhandenen Reduits in den eingehenden Waffenplätzen werden Traversen Abhülfe gewähren;

b) wenn wir die Reduits immer so nahe als möglich an die deckenden Brustwehren heranrücken, so daß der Einfallwinkel der feindlichen Geschosse wo möglich größer als 7° wird.

Die einer solchen Lage zum Vorwurf gemachte nachtheilige Wirkung der Steinsplitter auf die Vertheidiger des vorliegenden Walls wird durch leichte Rückenwehren von Brettern, Balken und doppelten Flechtzäunen auf der Contrescarpe oder dem Revers des Wallgangs größtentheils unschädlich gemacht werden können. –

c) Wenn wir diese Reduits nicht zu groß machen (indem ihre Größe nicht ihrer Wirksamkeit proportional ist) vielmehr den durch sie gewährten bombensichern Raum uns auf andere Weise beschaffen, indem wir

d) namentlich die Hohltraversen vermehren, welche verhältnißmäßig mit geringen Kosten diesen Zweck erfüllen und den Nutzen haben, in unmittelbarster Nähe der Breschen, einer bereitstehenden Truppe bis zum Augenblicke der wirklichen Action, ein geschütztes Unterkommen zu gewähren; und indem wir

e) einen Theil des erforderlichen bombensicheren Raums uns an Stellen schaffen, die vom feindlichen Feuer nicht beunruhigt werden können, also unter den Wällen der Werke etc.

Hiernach wird es z. B. nach einer vom General Todleben mir angedeuteten Idee zulässig sein, hinter den Profilmauern eines größern Werks zwei kleine Reduits anzubringen, die mit kreuzendem Feuer das Innere des vorliegenden Werks bestreichen, ohne von den indirekten Batterien des Feindes mit Erfolg gefaßt werden zu können.

Schließlich bemerke ich noch, daß durch die bisherigen Versuche durchaus noch nicht erwiesen ist, daß in größern Reduits (Defensivkasernen) wo kein nachstürzender oder dahinter liegender Wall vorhanden ist, überhaupt eine brauchbare Bresche zu erlangen sei, d. h. eine solche, in welcher man sich festsetzen kann. Im Gegentheil dürfte dies in Ermangelung eines Erdwalls sehr schwierig sein. –

Ich glaube, das Vorstehende wird wenigstens im Stande sein, die Ingenieure und Festungsvertheidiger einigermaßen über die Wirkungen des verbesserten direkten und indirekten Brescheschusses zu beruhigen, wenn ich auch die Wichtigkeit desselben keineswegs unterschätze. Wir wollen nun sehen, ob die gezogenen Geschütze den Festungswerken nicht vielleicht auf andere Weise ebenso nachtheilig und nachtheiliger werden können. Ich gehe nämlich über zu dem

B. Demontirschuß.

So weit ich die Sache zu beurtheilen vermag, wird hier ein ziemliches Gleichgewicht zwischen den gezogenen Geschützen des Angriffs und der Vertheidigung stattfinden, mit folgenden Modifikationen:

a) Der Angreifer kann seine demontirte Artillerie beliebig ergänzen, der Vertheidiger nicht. Je mehr daher der Angreifer gleich von Hause aus Geschütze gegen die Festung aufstellen kann, je eher wird er ein Übergewicht über dieselbe erlangen und behaupten und dies Übergewicht wird bei gezogenen Geschützen an und für sich viel bedeutender und intensiver sein. Daraus folgt

   α) daß das Gleichgewicht der Festungsartillerie gegen die Angriffsartillerie nur durch eine sehr starke Geschütz-Dotirung der Festungen einigermaßen wird erlangt werden können und

   β) daß nur große Festungen noch der feindlichen Artillerie allenfalls gewachsen sein werden, kleine Festungen dagegen jetzt in einer noch viel nachtheiligeren Lage sich der Angriffs-Artillerie gegenüber befinden, als es schon bei dem bisherigen Zustande des Geschützwesens der Fall war. Kleine Festungen sind daher ganz aufzugeben, oder bedeutend zu erweitern.

Die zweite Modifikation in jenem Gleichgewicht beider Artillerien in Bezug auf den Demontirschuß ist die, daß

b) der Vertheidiger in der Regel eine dominirende Aufstellung haben wird, die, wie die Geschichte aller Belagerungen lehrt und sich auch theoretisch darthun läßt, immer große Vortheile gewährt. Bei Anlage oder Verbesserung von Festungswerken wird man daher stets bedacht sein müssen, sich diesen wesentlichen Vortheil durch hohe Erdwälle (Kavaliere) zu verschaffen. (Vergleiche auch meine Beiträge zur angewandten Befestigungskunst S. 34. Ich habe darum auch bereits oben empfohlen, freiliegende Reduits nicht abzutragen, sondern lieber die vorliegenden Wälle zu erhöhen.)

C. Der Ricochettschuß.

Ich verstehe hierunter nicht nur den eigentlichen Ricochettschuß, sondern jeden Schuß oder flachen Bogenwurf, mittelst dessen Voll- und Hohlkugeln, sowie Shrapnels und Granaten gegen offene Wallgänge der Länge nach über die deckende Brustwehr der anliegenden Face hinweg im flachen oder stärkern Bogen geschleudert werden. So weit mir bekannt, haben nicht blos Granaten aus Haubitzen, sondern auch Shrapnels aus glatten Geschützen auf diese Weise gegen offene Wälle angewandt, ganz günstige Resultate gegeben, und wenn auch diese Art von Feuer aus gezogenen Geschützen und aus großen Entfernungen bisher noch nicht ausgebildet worden ist: so steht dies doch für die Folge zu erwarten und die Wirkung eines solchen Feuers kann nicht zweifelhaft sein, während zugleich eine Erwiederung desselben von Seiten der Festung, indem man die Parallelen des Angreifers – wie es auch in der Belagerung von Sebastopol versucht wurde – echarpirend beschießt, doch bei Weitem nicht ebenso erfolgreich wirken kann.

Gegen ein solches Feuer wird es nun bei bereits fertigen Werken kein anderes Mittel geben, als Vervielfältigung der Traversen, – wie sie auch in Sebastopol stattfand – und wo möglich, nachträgliche Anbringung von Hohltraversen. Aber es ist nicht zu verkennen, daß dieses Mittel der eigentlichen Geschützaufstellung sehr viel Raum entzieht und daher ebenfalls nur bei geräumigen Festungen anwendbar, in kleinen Festungen aber mehr oder weniger unausführbar ist – ein Argument mehr, gegen das Bestehen der kleinen Festungen.

Bei neuen Anlagen wird sich dagegen auch hier die schon mehrfach hervorgehobene frontale Lage der Wälle dem Angriff gegenüber empfehlen.

D. Der Enfilirschuß.

Ich will unter dieser Bezeichnung zuletzt noch alle diejenigen Schußarten und flachen Bogenwürfe zusammenfassen, welche, außer den bereits gedachten, aus großen Entfernungen gegen die Werke oder das Innere der Festungen und die darin befindlichen Gebäude, nach verschiedenen Richtungen, und namentlich von erhöhten Punkten aus, gerichtet werden können.

Man hatte bisher ziemlich allgemein den Grundsatz angenommen, daß Angriffsbatterien auf größern Entfernungen (über 1200 bis 1500 Schritt hinaus) den Festungen wenig nachtheilig seien. Schon die Einführung der Bombenkanonen hat diesen Grundsatz sehr erschüttert und wir sehen bereits in Sebastopol den Geschützkampf erfolgreich in großen Entfernungen eröffnet. Die gezogenen Geschütze werden dies in noch höherm Grade geschehen lassen und dominirende Höhen, die bisher unbeachtet geblieben sind, werden künftig von großem Einfluß auf die Vertheidigung sein. Ich erkenne an, daß dieser Umstand für mehrere von unseren in unebenem Terrain gelegenen Festungen von großer Bedeutung ist – einer größern vielleicht, als der verbesserte Brescheschuß – und es wird daher ein Gegenstand von der größten Wichtigkeit sein, daß das Terrain vor unsern Festungen auf 4000 ja bis 5000 Schritt untersucht und die Haupthöhen desselben durch Nivellements ermittelt und gemessen werden, indem, wie schon eine flüchtige Besichtigung zeigt, manche bisher unbeachteten Höhen künftig durch Seiten- und Rückenfeuer die Vertheidigungsfähigkeit einzelner unserer Werke auf das Nachtheiligste beeinträchtigen möchten. Als Gegenmittel gegen diesen Übelstand erscheint einerseits die Vervielfältigung von Traversen, andererseits die Anlage weit vorgeschobener Werke geboten, beides Maßregeln, die zwar mehr oder weniger ausführbar sein werden, unter allen Umständen aber, namentlich die Letztere, – die reiflichste Erwägung erfordern, die daher den betreffenden Herrn Inspekteuren, Platz-Ingenieuren und Festungs-Bau-Direktoren im Verein mit den Artillerie-Offizieren der Plätze nur auf's Angelegentlichste empfohlen werden kann.

In Bezug auf die Sicherung der großen Pulvermagazine gegen das direkte und indirekte Feuer solcher entfernten Batterien ist bereits eine Berichterstattung erfolgt, worüber die höhere Entscheidung abgewartet werden muß. –

Es ist nicht zu verkennen, daß die Befestigungskunst – wie es in der Kriegskunst schon mehrmals vorgekommen – sich gegenüber den jetzigen wesentlichen Verbesserungen des Geschützwesens und der Feuerwaffen überhaupt in der schwierigen Lage befindet, mit diesen Verbesserungen schwer Schritt halten zu können, einerseits, weil die Gegenmaßregeln ihrer Natur nach überhaupt erst ermittelt werden müssen und nur nach und nach Eingang finden können, andererseits weil die vorhandenen, auf hundertjährige Dauer und länger, angelegten

Befestigungen diesen Neuerungen nicht ohne Weiteres folgen können und eine Umformung derselben nur in viel längern Zeiträumen und mit viel größerem Kostenaufwand möglich ist, als z. B. die Umformung der Artillerie, der Feuerwaffen etc. Dem Ingenieur wird daher nichts übrig bleiben, als daß er diese Neuerungen und Verbesserungen aufmerksam verfolge. – Daß er ferner auf's Reiflichste erwäge, welche Veränderungen die bisherigen Begriffe von Defilement, Kasematten, Flankirung, Tracee, Profil, Developpement und Größe der Festungen etc. erleiden werden und erleiden müssen, – daß er bemüht sei, danach die alten Befestigungen zu verbessern und umzuformen und die neuen von Hause aus anzulegen – endlich, daß er sich bewußt werde, welche andere Mittel in seiner reichen Rüstkammer als: die Wassergräben, Contrescarpen, Reversgallerien, Traversen, Cavaliere und vor Allem die Contreminen, das Infanteriefeuer und die active Vertheidigung, ihm noch zu Gebote stehen, um auch ferner noch den Dienst des Ingenieurs, wenn auch meist nur als Schutzwaffe, aber als eine sehr hülfreiche, ja unentbehrliche, erscheinen zu lassen, welche noch immer Hülfs- und Vertheidigungsmittel genug besitzt, um nicht, wie Einige vielleicht meinen mögen, schon beim ersten Schuß eines gezogenen Feld-Sechspfünders die Vertheidigung der Festungen muthlos aufzugeben.

Berlin, den 24. November 1860.

v. Prittwitz,
Generallieutenant.

9 789356 789852

Printed at Repro India Ltd.